EXPOSITION UNIVERSELLE DE 1889, A PARIS

CATALOGUE SPÉCIAL

DES

PLANTES D'ORNEMENT

EXPOSÉES PAR

LE JARDIN DES PLANTES

Attenant à l'Université de TOKIO (Japon).

COMMISSARIAT IMPÉRIAL DU JAPON

152, rue de la Pompe, PARIS

PARIS

IMPRIMERIE ET LIBRAIRIE CENTRALES DES CHEMINS DE FER

IMPRIMERIE CHAIX

SOCIÉTÉ ANONYME AU CAPITAL DE SIX MILLIONS

Rue Bergère, 20

1889

CATALOGUE SPÉCIAL

DES

PLANTES D'ORNEMENT

EXPOSÉES PAR

LE JARDIN DES PLANTES

Attenant à l'Université de TOKIO (Japon).

COMMISSARIAT IMPÉRIAL DU JAPON

152, rue de la Pompe, PARIS

PARIS

IMPRIMERIE ET LIBRAIRIE CENTRALES DES CHEMINS DE FER

IMPRIMERIE CHAIX

SOCIÉTÉ ANONYME AU CAPITAL DE SIX MILLIONS

Rue Bergère, 20

1889

CATALOGUE SPÉCIAL

DES

PLANTES D'ORNEMENT

EXPOSÉES PAR

LE JARDIN DES PLANTES

Attenant à l'Université de TOKIO (Japon).

CLASSE 79 — GROUPE 9

BERBERIDEÆ

1. *Nandina domestica* Thunb. **Nanten**.

(1 à 15) Variétés de jardins :

Akamibokinshinanten.
Kinshinanten.
Kinshitsurunanten.
Kinshiyakkonanten.
Kurimotonanten.
Maidananten.
Senbonnanten.
Shiromibokinshinanten.
Shiromi-ikadananten.
Shiromi-sasahananten.
Shiromi-yakkonanten.
Shikonanten.
Hichihengenanten.
Tsukubanenanten.
Tsurunanten.

PITTOSPORÆ

2. *Pittosporum tobira* Ait. **Tobira**.
   (1) Variété de jardins :
      Fuiritobera (2).

TERNSTRŒMIACEÆ

3. *Ternstrœmia japonica* Thunb. **Mokkoku**.
   (3) Variétés de jardins :
      Benifumokkoku.
      Kifumokkoku.
      Magobachimokkoku.

4. *Cleyera japonica* Thunb. **Sakaki**.
   (2) Variétés de jardins.
      Fuirisakaki.
      Nogashimasakaki.

5. *Eurya japonica* Thunb. **Hisakaki**.
   (5) Variétés de jardins :
      Confukurinhisakaki.
      Chidoribahisakaki,
      Fukurinhisakaki.
      Kiyarahikihisakaki.
      Shirofuhisakaki.

6. *Camellia japonica* F. **Tsubaki**.
   (3) Variétés de jardins :
      Okufurintsubaki.
      Sarasa-kingiyotsubaki.
      Fuiri-kingiyotsubaki.

7. *Camellia theifera* Griff., var. *Macrophylla* Sieb. **Tochiya**.
   (1) Variété de jardins :
      Fuiri-tochiya.

RUTACEÆ

8. *Skinua japonica* Thunb. **Miyamashikimi.**
   (3) Variétés de jardins :
   Fukurinmiyamashikini.
   Fuiri-mokutachibana.
   Uchidashimiyamashikimi.

9. *Citrus medica* Ris., var. *Chirocarpus* Lour. **Bushukan.**
   (1) Variété de jardins :
   Fuiribushukan.

10. *Citrus aurantium* L., var. *Bigardia* Hook. **Daidai.**
    (1) Daidai.

11. Var. *Nobilis*. **Mikan.**
    (5) Variétés de jardins :
    Tomikan (2).
    Kikumikan.
    Benimikan.

    Citrus decumana L.
    Zabon.
    Homporo.

12. *Citrus japonica* Thunb. **Kinkan.**
    (1) Nagamikinkan (2).

13. *Citrus* sp. **Kunenbo.**
    (1) Variété de jardins :
    Ofukurinkunenbo.

14. *Citrus* sp. **Mamekinkan.**
    (1) Mamekinkan.

ILLICINEÆ

15. *Ilex crenata* Thunb. **Inutsuge.**
    (2) Variétés de jardins :
    Kifunoinutsuge.
    Shirofukurininutsuge.

CELASTRINEÆ

16. *Enonymus japonicus* Thunb. **Tsurumasaki.**
   (1) Var. *Radicans* Mig.
       Fukurintsurumasaki.

SAPINDACEÆ

17. *Acer japonicum* Thunb. **Meigetsukaide.**
    Meigetsukaide.
   (7) Variétés de jardins :
       Aoyagi.
       Chitoseyama.
       Horinji.
       Kakuregasa.
       Mangetsu.
       Momijigasa.
       Sodenouchi.

18. *Acer pictum* Thunb. **Asahikaide.**
    Asahikaide.
   (4) Variétés de jardins :
       Akikaze.
       Hoshiyadori.
       Komatomenishiki.

19. *Acer trepidum* Thunb. **Tokaide.**
    Tokaide.
   (1) Variété de jardins :
       Akikezenishiki.

20. *Acer palmatum* Thunb. **Yamamomiji,**
   (1 à 36) Variétés de jardins :
       Aiaigasa.
       Asukagawa.
       Hachijo.
       Harusame.
       Dijimasunago.

Karaaya.
Kasennishiki.
Karaorinishiki.
Kokonoe.
Kuwaennishiki.
Masukagami.
Matsugaenishiki.
Matsuyoi.
Miyagino.
Mizukagami.
Monnishiki.
Musashino.
Nomurakaide.
Nishikigasame.
Nuresagi.
Oginagashi.
Ogurayama.
Okushimo.
Oridononishiki.
Seiziu.
Seigen.
Shirakasayama.
Toyama.
Taiminnishiki.
Tsuchigumo.
Tsutanoha.
Tsumagaki.
Ukou.
Tsukumano.
Umegae.
Yubae.

21. *Acer* sp.

(3) Variétés de jardins :
Ichigiyoji.
Inabashidare.
Sahino-o.

22. *Acer rufinerve* Sieb. et Zucc. **Urihadakaede.**
(1) Variété de jardins :
Hatsuyukikaede.

23. *Acer dystylum* Sieb. et Zucc. **Hitotsubakaede.**
    (1) Hitotsubakaede.

24. *Negundo cipifolium* Sieb. et Zucc. **Mitsudekaede.**
    (1) Variété de jardins :
        Hagoromo.

ROSACEÆ

25. *Photinia japonica* Sieb. et Zucc. **Biwa.**
    (1) Variété de jardins :
        Shirofukurinbiwa.

26. *Osteomeles-anthyllidifolia* Sindl. **Isozansho.**
    (1) Isozansho.

HAMAMELIDEÆ

27. *Distylium recemosum* Sieb. et Zucc. **Isu.**
    (1) Variété de jardins ;
        Fuiriisu.

ARALIACEÆ

28. *Fatsia japonica* Deen et Planch. **Yatsude.**
    (2) Variétés de jardins :
        Fuiriyatsude.
        Kifuyatsude.

29. *Dendropanax japonicus* Seem. **Kakuremino.**
    (1) Variété de jardins :
        Ofukurinkakuremino.

30. *Hedera helix* S. **Kizuta.**
    (1) Variété de jardins :
        Fukurinkizuta.

CORNACEÆ

31. *Aucuba japonica* Thunb. **Aoki**.
    (3) Variétés de jardins :
        Azumafukurinaoki.
        Fuiriaoki.
        Nakafuaoki.

RUBIACEÆ

32. *Gardenia florida* S. **Kuchinashi**.
    (1) Variété de jardins :
        Ofukurinkuchinashi.

33. *Damnocanthus indicus* Gœtn. **Aridoshi**.
    (3) Variétés de jardins :
        Hagoromoaridoshi.
        Hatsuyukiaridoshi.

MYRSINEÆ

34. *Mœsa dorœna* Bl. **Izusenrio**.
    (1) Variété de jardins :
        Fuiruzusenrio.

35. *Ardisia crenata* Roxb. **Manrio**.
    (1 à 13) Variétés de jardins :
        Akiminzu.
        Datefukurin.
        Datenishiki.
        Ezonishiki.
        Kinkasan.
        Kokiyononishiki.
        Kuruijishi.
        Okinajishi.

Sakuzomaruba.
Sciobo.
Shirominzu.
Tachiminzu.
Taibomaru.

ALEACEÆ

36. *Alea fragrans* Thunb., var. **Hiragimokusei.**
(1) Variété de jardins.
Fuirihiragimokusei.

37. *Ligustrum japonicum* Thunb., var. **Fukuromochi.**
(1) Variété de jardins :
Fuirifukuromochi.

38. *Lingustrum ciliatum* Sieb. **Iwaki.**
(1) Variété de jardins :
Fuiriiwaki.

APOCYNACEÆ

39. *Trachelospermum jasminoides* Bench et Hook. **Teikakat-sura.**
Teikakatsura.
(4) Variétés de jardins :
Fuiriteikakatsura.
Hatsuyukitsura.
Chirimenkatsura.
Fuirichirimenkatsura.

LOGANIACEÆ

40. *Gardeneria nutans* Sieb. et Zucc. **Horaikatsura.**
(1) Variété de jardins :
Nishikiran.

PIPERACEÆ

41. *Piper futo-katsura* Sieb. et Zucc. **Tsurukoshio.**
(1) Tsurukoshio.

LAURINEÆ

42. *Cinnamomum laurcirii* Nees. **Nikkei.**
(1) Variété de jardins :
Fukurinnikkei.

THYMELÆACEÆ

43. *Daphne odora* Thunb. **Jinchiyoge.**
(1) Variété de jardins :
Fuiriyorehajinchiyoge.

ELÆAGNACEÆ

44. *Eleagnus pungens* Thunb. **Nawashirogumi.**
(1) Variété de jardins :
Fukurinnawashirogumi.

LORANTHACEÆ

45. *Viscum album* L. **Hoya.**
(1) Hoya (ou Pyrus).

EUPHORBIACEÆ

46. *Buxus Japonica* J. Müll. **Asamatsuge.**
(1) Variété de jardins :
Fuiriasamatsuge.

47. *Daphniphyllum glancescens* Blume. **Himeyuzuriha.**
    (2) Variétés de jardins :
        Fuirihimeyuzuriha.
        Fukurinhimeyuzuriha.

URTICACEÆ

48. (2) *Ficus pumila* D. **O-itabi.**
        O-itabi.
        O-itabi (avec *bambusa pygmæa* et *selaginella caulescens*).
    Variété de jardins :
        Fuirioitabi.

49. *Ficus nipponica* Fr. et Sav. **Hime-itabi.**
        Himeitabi.

CUPULIFERÆ

50. *Quercus phyllireoides* A. Pray. **Imamegashi.**
    (1) Variété de jardins :
        Fuiriimamegashi.

51. *Quercus glanca* Thunb., var. *forma sericea* Fr. et Sav.
    Shirakashi.
    (1) Variété de jardins :
        Shirofu-shirakashi.

52. *Quercus cuspidata* Thunb. **Shii.**
    (1) Variété de jardins :
        Fukurin-shii.

CONIFERÆ

53. *Thuya dorabrata* L. **Asunaro.**
    (1) Variété de jardins :
        Kifu-asunaro.

54. *Thuya obtusa* Masters, var. *breviramea* Masters, **Chabohiba**.
    Chabohiba.
    (1) Variété de jardins :
        Wogon-chabohiba (3).
    Cupressus corneyana Kinght **Kana-ami-hibaa** (2).
        Itohiba.

55. *Juniperus chinensis* D. **Ibuki**.
    (2) Variétés de jardins :
        Fuiri-ibuki.
        Wogon-ibuki.

56. *Cryptomeria japonica* Don. **Sugi**.
    (1) Variété de jardins :
        Okinasgi.

57. *Cephalotaxus* (?). **Sembongaya**.
    (1) Sembogaya.

58. *Sinkgo bibola* L. **Icho**.
    (1) Variété de jardins :
        Fuiri-icho.

59. *Podocarpus nageia* R. Br. **Nagi**.
    (1) Variété de jardins :
        Fuiri-nagi (2).

60. Var. *Rotundifolia* Max (?). **Marubanagi**.
    (1) Variété de jardins :
        Fuiri-marubanagi.

61. *Podocarpus* sp. **Hosobanagi**.
    (1) Hosobanagi.

62. *Podocarpus macrophylla* Don. **Maki**.
    (3) Variétés de jardins.
        Kakuhamaki.
        Okinamaki.
        Tokuwakamaki.

63. *Sciadopitys verticillata* Sieb. et Zucc. **Koyamaki**.
    (1) Variété de jardins :
        Fuiri-Koyamaki.

64. *Pinus densiflora* Sieb. et Zucc. **Akamatsu**.
    (2) Variétés de jardins :
        Bandaisho (2).
        Shiragamatsu.

LILIACEÆ

65. *Aspidistra lurida* Pawl. **Baran**.
    (1) Variété de jardins :
        Fuiri-ippinran.

66. *Rhodea Japonica* Roth. **Omoto**.
    (10) Variétés de jardins :
        Choseikaku.
        Fukurin-shimakorio.
        Ichimonji.
        Kuwagata.
        Miyakojishi.
        Miyakonojo.
        Shimakorio.
        Takakuma.
        Zanzetsu.
        Shimamisho.

PALMÆ

67. *Trachicarpus excelsa*. **Shuro**.
    (1) Variété de jardins :
        Fuiri-shuro.

68. *Rhapis flabelliformis* Ait. **Shurochiku**.
    (1) Shurochiku.
    Variété de jardins.
        Fuiri-shurochiku.

69. *Rhapis*, sp. (?). **Kwanwonchiku.**
Kwanwonchiku.
(1) Variété de jardins :
Fuiri-Kwanwonchiku.

70. *Metroxylum Rumphii* Mart. **Tsugu.**
(1) Tsugu.

GRAMINEÆ

71. *Bambusa aurea* Sieb. **Howochiku.**
(4) Variétés de jardins :
Fuiri-howochiku.
Shirofu-howochiku.
Taihochiku.
Suwochiku.

72. *Bambusa pygmæa* Miq. **Oroshimachiku.**
(1) Variété de jardins :
Fuiri-oroshimachiku.

73. *Arundinaria japonica* Sieb. et Zucc. **Medake.**
(2) Variétés de jardins :
Fuiri-Tsushichiku.
Shirofu-hakonedake.

74. *Phyllostachys bambusoides* Sieb. et Zucc. **Kanchiku.**
Kanchiku.
(2) Variétés de jardins :
Heisaku-Kanchiku.
Chigokanchiku.

75. *Phyllostachys nigra* Munro. **Kimmeichiku.**
(1) Kimmeichiku.
Shihochiku (*genus* inconnu).

76. *Filices*.
(1 à 40).
Gleichenia longissima Bl. **Urajiro.**
Onychium japonicum Kunze. **Kanshinobu.**
Cyathea spinulosa Wall. **Hego.**
Onoclea germanica Willd. **Kusasotetsu.**
Davallia strigosa Sw. **Ishikaguma.**

Davallia Wilfordii Baker. **Worenshida.**
Davallia bullata Wall. **Shinobu.**
Davallia (?) **Riukiu-Oshinobu.**
Adiantum monochlamys Eaton. **Hakoneshida.**
Adiantum pedatum L. **Kujakushida.**
Pteris cretica L., var. *albo-lineata*. **Matsuzakashida.**
Pteris semipinnata L. **Amakusashida.**
Pteris inæqualis L. **O-ba-amakusashida.**
Pteris quadrianrita Retz. **Hachijoshida.**
Pteris wallichiana G. Ag. **Nachishida.**
Domaria adnata Bedd. **Yamasotetsu.**
Asplenium nidus L. **Otaniwatari.**
Asplenium Wardii Hook (?). **Oba-inuwarabi.**
Asplenium trichomanes D. **Chasenshida.**
Asplenium Wichuræ Mett. **Nokogirishida.**
Asplenium rutafolium Kunze. **Hinokishida.**
Asplenium lanceum Thunb. **Herashida.**
Aspidium cordifolium Sw. **Tamashida.**
Aspidium Dickinshii Fr. et Sav. **Tanisotetsu.**
Aspidium lepidocaulon Hook. **Orizurushida.**
Aspidium tripteron Kimze. **Shumokushida.**
Aspidium aristatum Sw., var (?). **Hakatashida.**
Aspidium augustifrons Miq. **Hashigoshida.**
Aspidium viridescens Miq. **Koganewarabi.**
Aspidium uliginosum Kimge. **Himewarabi.**
Polypodium vulgare L., var. *japonica* Fr. et Sav.
    Aonekatsura.
Polypodium lingua Sw. **Hitotsuba.**
Polypodium lingua, var (?). **Shishihitotsuba.**
Polypodium lingua, var (?). **Tate-eboshi-hitotsuba.**
Polypodium ensatum Thunb. **Kuriharan.**
Polypodium buergerianum Miq. **Yanoneshida.**
Gymnogramme japonica Desv. **Iwaganeso.**
Osmunda javanica Blume. **Shiroyamazemmai.**
Osmunda regalis L. **Shishizemmai.**
Angiopteris evecta Hoffm. **Ryubintai.**

PARIS. — IMPRIMERIE CHAIX, 20, RUE BERGÈRE. — 15072-7-97